This Book Belongs to

_____

_____

The Number 1

1 1 1 1 1 1 1 1 1 1 1

1 1 1 1 1 1 1 1 1 1 1

1 1 1 1 1 1 1 1 1 1 1

1 1 1 1 1 1 1 1 1 1 1

1 1 1 1 1 1 1 1 1 1 1

1 1 1 1 1 1 1 1 1 1 1

1 1 1 1 1 1 1 1 1 1 1

1 1 1 1 1 1 1 1 1 1 1

1 1 1 1 1 1 1 1 1 1 1

1 1 1 1 1 1 1 1 1 1 1

The Number 1

1 1 1 1 1 1 1 1 1 1 1

1 1 1 1 1 1 1 1 1 1 1

1 1 1 1 1 1 1 1 1 1 1

1 1 1 1 1 1 1 1 1 1 1

1 1 1 1 1 1 1 1 1 1 1

1 1 1 1 1 1 1 1 1 1 1

1 1 1 1 1 1 1 1 1 1 1

1 1 1 1 1 1 1 1 1 1 1

1 1 1 1 1 1 1 1 1 1 1

1 1 1 1 1 1 1 1 1 1 1

one

one one one one one

one one one one one

one one one one one

one one one one one

one one one one one

one one one one one

one one one one one

one one one one one

one one one one one

one one one one one

one

one one one one one

one one one one one

one one one one one

one one one one one

one one one one one

one one one one one

one one one one one

one one one one one

one one one one one

one one one one one

The Number 2

2 2 2 2 2 2 2 2 2

2 2 2 2 2 2 2 2 2

2 2 2 2 2 2 2 2 2

2 2 2 2 2 2 2 2 2

2 2 2 2 2 2 2 2 2

2 2 2 2 2 2 2 2 2

2 2 2 2 2 2 2 2 2

2 2 2 2 2 2 2 2 2

2 2 2 2 2 2 2 2 2

2 2 2 2 2 2 2 2 2

The Number 2

2 2 2 2 2 2 2 2 2

2 2 2 2 2 2 2 2 2

2 2 2 2 2 2 2 2 2

2 2 2 2 2 2 2 2 2

2 2 2 2 2 2 2 2 2

2 2 2 2 2 2 2 2 2

2 2 2 2 2 2 2 2 2

2 2 2 2 2 2 2 2 2

2 2 2 2 2 2 2 2 2

2 2 2 2 2 2 2 2 2

two

two two two two two

two two two two two

two two two two two

two two two two two

two two two two two

two two two two two

two two two two two

two two two two two

two two two two two

two two two two two

two

two two two two two

two two two two two

two two two two two

two two two two two

two two two two two

two two two two two

two two two two two

two two two two two

two two two two two

two two two two two

The Number 3

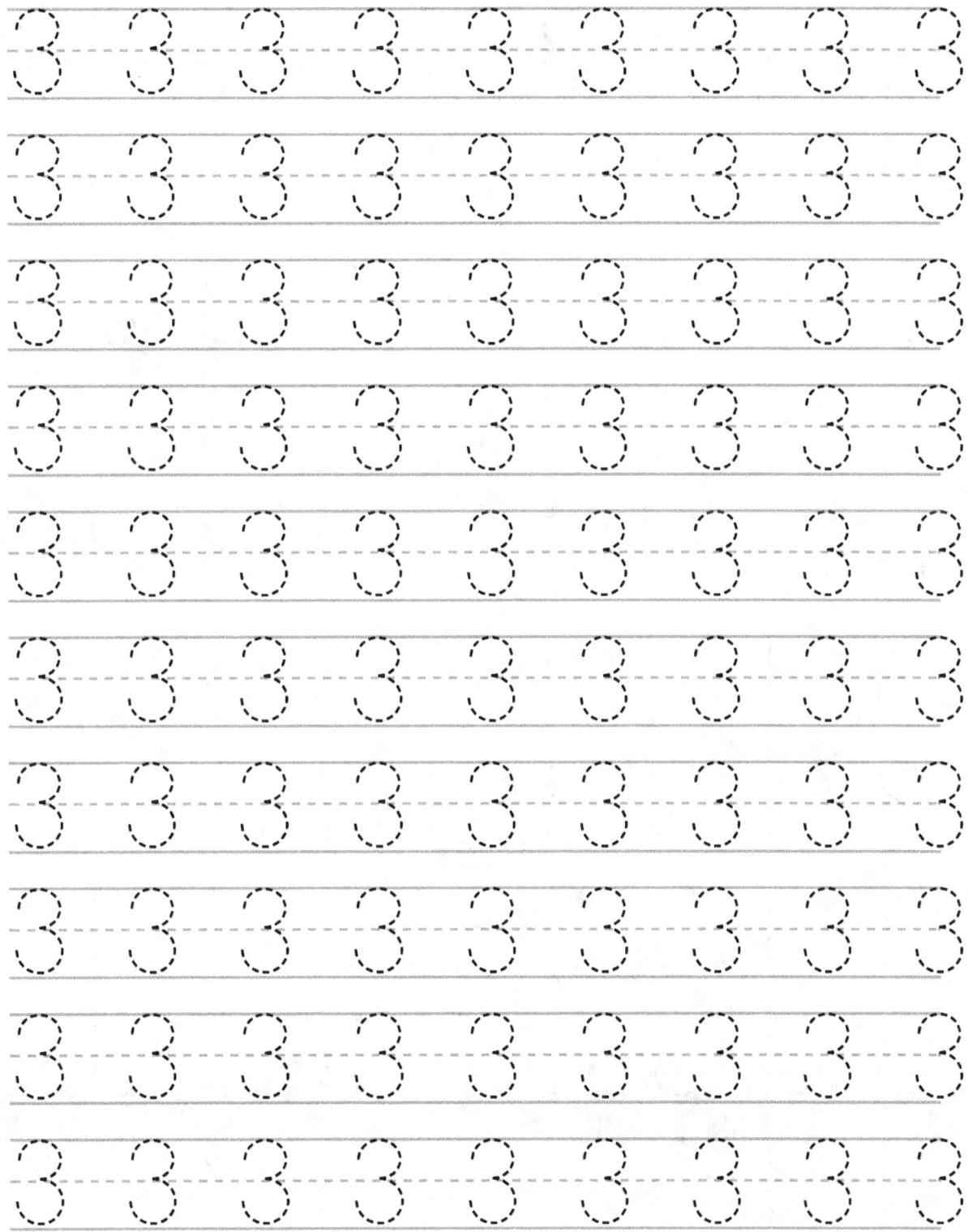

The Number 3

three

three three three three

three three three three

three three three three

three three three three

three three three three

three three three three

three three three three

three three three three

three three three three

three three three three

three

three three three three
three three three three
three three three three
three three three three
three three three three
three three three three
three three three three
three three three three
three three three three
three three three three

The Number 4

4 4 4 4 4 4 4 4 4
4 4 4 4 4 4 4 4 4
4 4 4 4 4 4 4 4 4
4 4 4 4 4 4 4 4 4
4 4 4 4 4 4 4 4 4
4 4 4 4 4 4 4 4 4
4 4 4 4 4 4 4 4 4
4 4 4 4 4 4 4 4 4
4 4 4 4 4 4 4 4 4
4 4 4 4 4 4 4 4 4

The Number 4

4　4　4　4　4　4　4　4　4

4　4　4　4　4　4　4　4　4

4　4　4　4　4　4　4　4　4

4　4　4　4　4　4　4　4　4

4　4　4　4　4　4　4　4　4

4　4　4　4　4　4　4　4　4

4　4　4　4　4　4　4　4　4

4　4　4　4　4　4　4　4　4

4　4　4　4　4　4　4　4　4

4　4　4　4　4　4　4　4　4

four

four four four four

four four four four

four four four four

four four four four

four four four four

four four four four

four four four four

four four four four

four four four four

four four four four

four

four four four four

four four four four

four four four four

four four four four

four four four four

four four four four

four four four four

four four four four

four four four four

four four four four

The Number 5

5 5 5 5 5 5 5 5 5

5 5 5 5 5 5 5 5 5

5 5 5 5 5 5 5 5 5

5 5 5 5 5 5 5 5 5

5 5 5 5 5 5 5 5 5

5 5 5 5 5 5 5 5 5

5 5 5 5 5 5 5 5 5

5 5 5 5 5 5 5 5 5

5 5 5 5 5 5 5 5 5

5 5 5 5 5 5 5 5 5

The Number 5

5 5 5 5 5 5 5 5 5

5 5 5 5 5 5 5 5 5

5 5 5 5 5 5 5 5 5

5 5 5 5 5 5 5 5 5

5 5 5 5 5 5 5 5 5

5 5 5 5 5 5 5 5 5

5 5 5 5 5 5 5 5 5

5 5 5 5 5 5 5 5 5

5 5 5 5 5 5 5 5 5

5 5 5 5 5 5 5 5 5

five

five five five five five

five five five five five

five five five five five

five five five five five

five five five five five

five five five five five

five five five five five

five five five five five

five five five five five

five five five five five

five

five five five five five

five five five five five

five five five five five

five five five five five

five five five five five

five five five five five

five five five five five

five five five five five

five five five five five

five five five five five

The Number 6

The Number 6

six

six six six six six six six

six six six six six six six

six six six six six six six

six six six six six six six

six six six six six six six

six six six six six six six

six six six six six six six

six six six six six six six

six six six six six six six

six six six six six six six

six

six six six six six six six

six six six six six six six

six six six six six six six

six six six six six six six

six six six six six six six

six six six six six six six

six six six six six six six

six six six six six six six

six six six six six six six

six six six six six six six

The Number 7

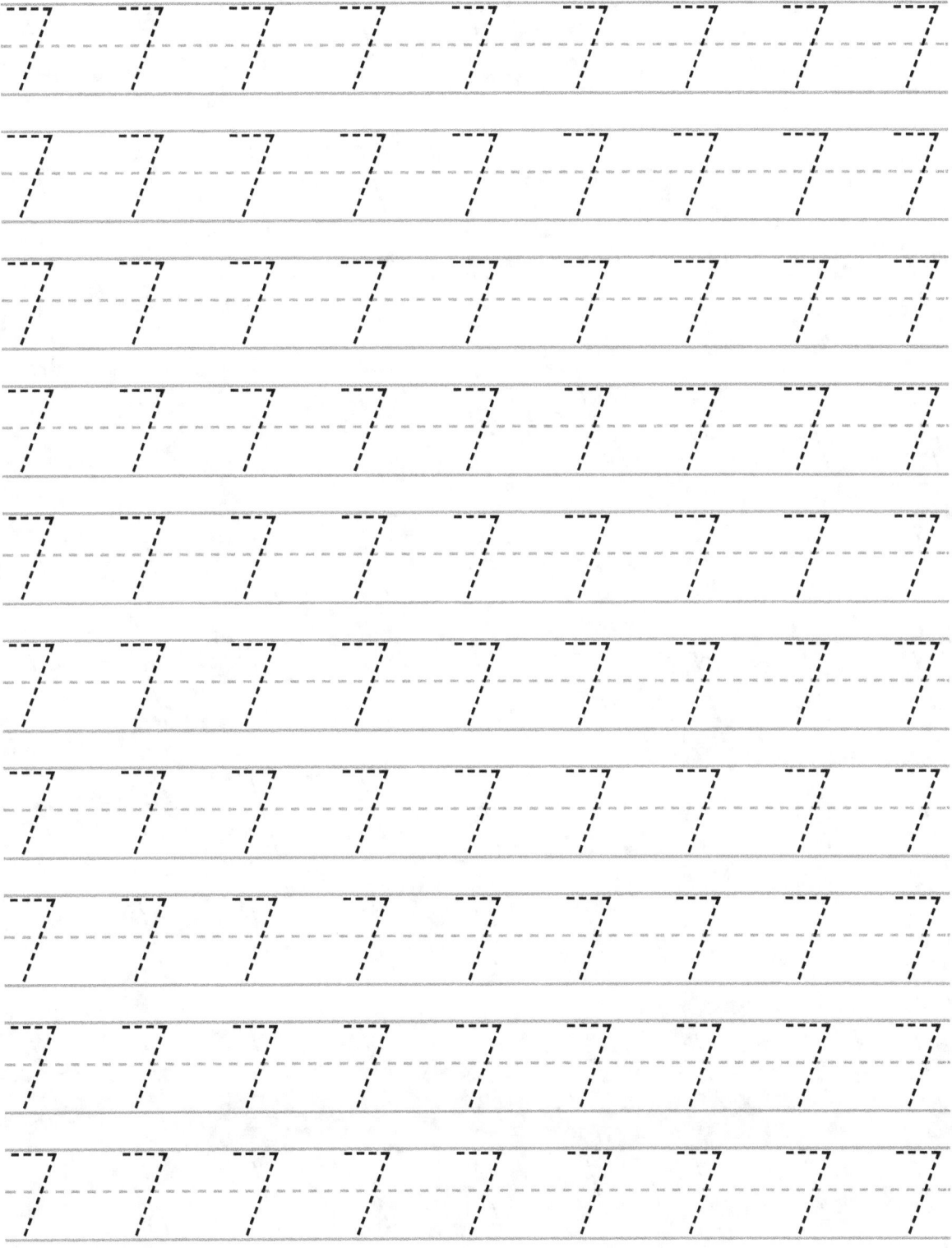

The Number 7

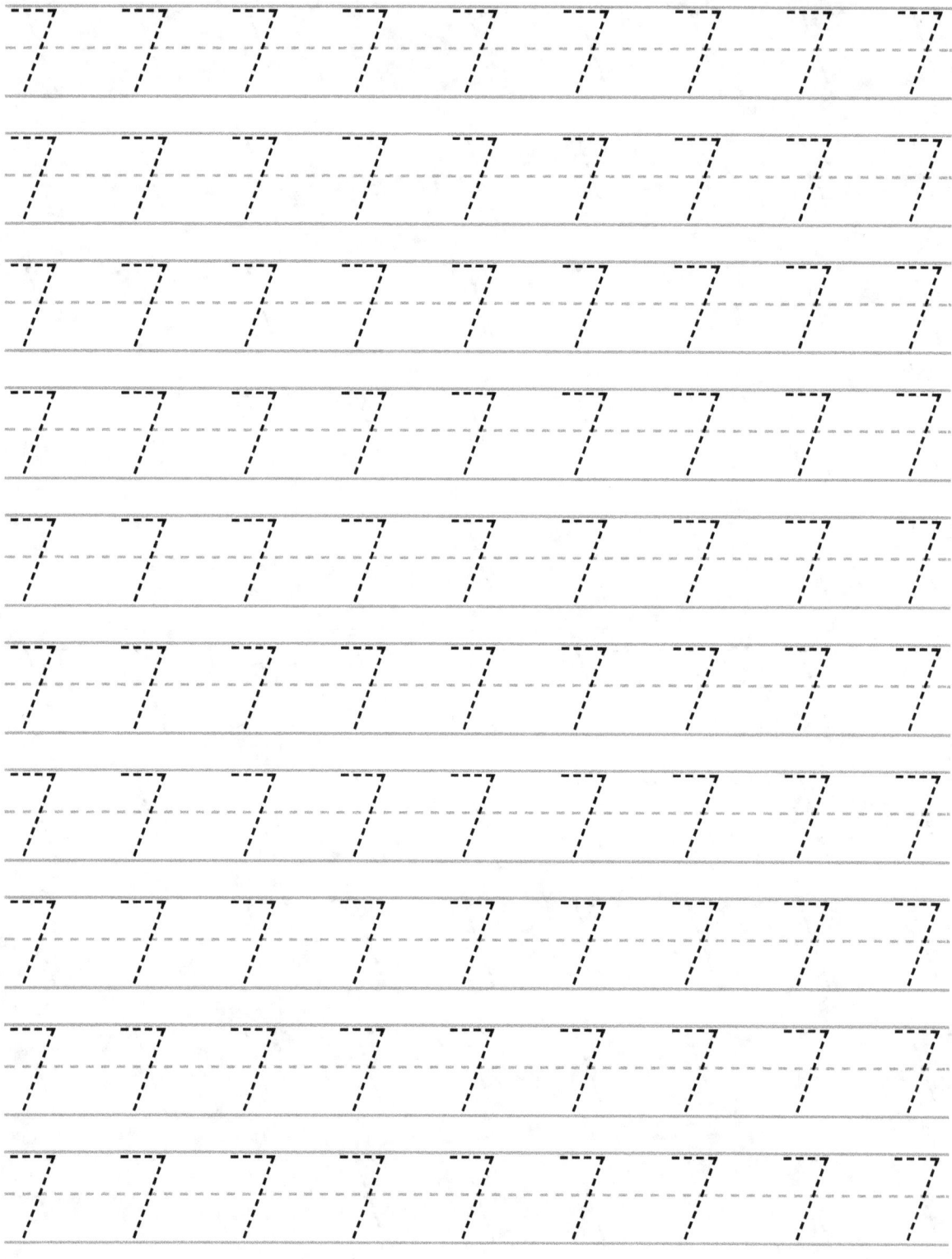

seven

seven seven seven

seven seven seven

seven seven seven

seven seven seven

seven seven seven

seven seven seven

seven seven seven

seven seven seven

seven seven seven

seven seven seven

seven

Seven seven seven

Seven seven seven

Seven seven seven

Seven seven seven

Seven seven seven

Seven seven seven

Seven seven seven

Seven seven seven

Seven seven seven

Seven seven seven

The Number 8

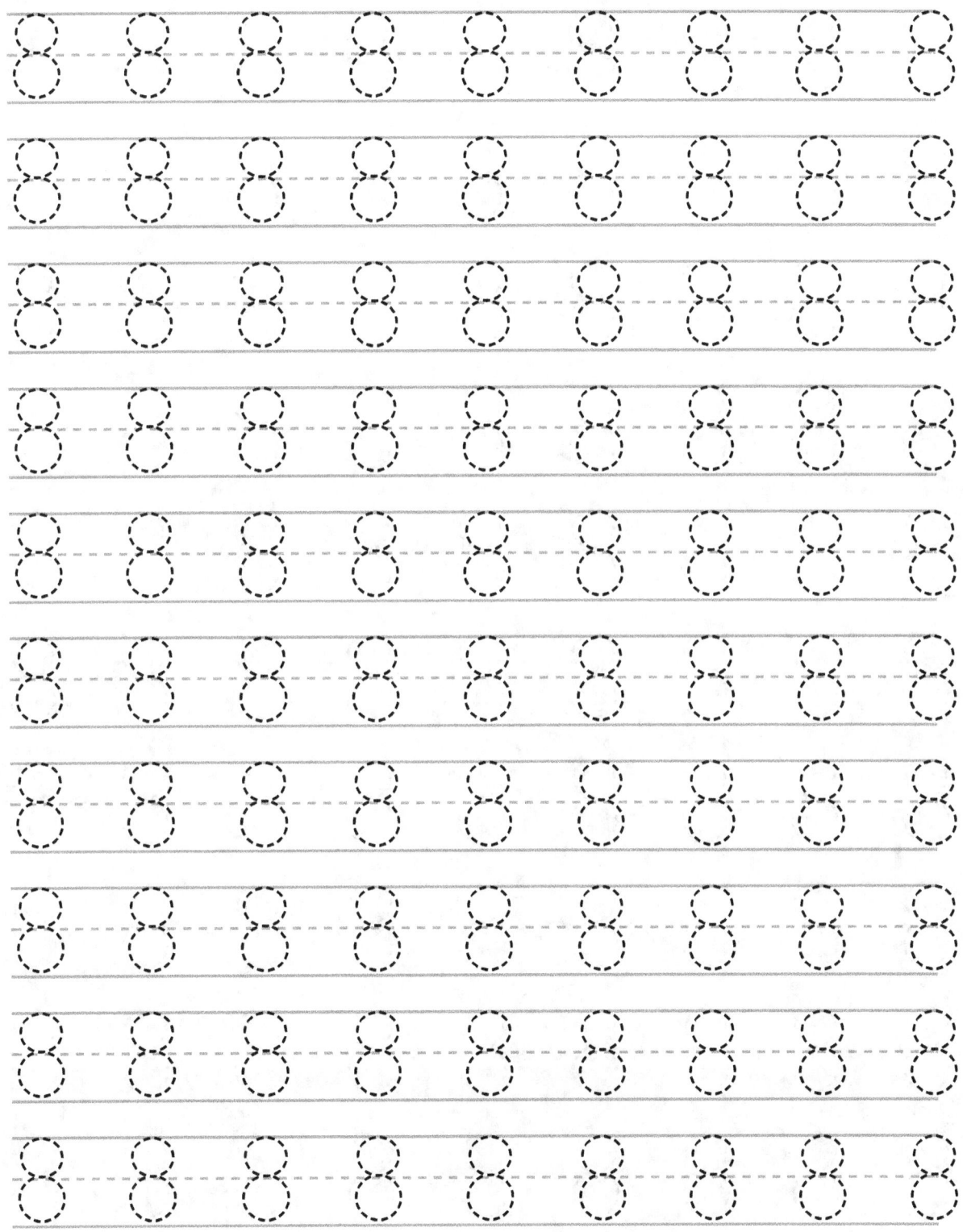

The Number 8

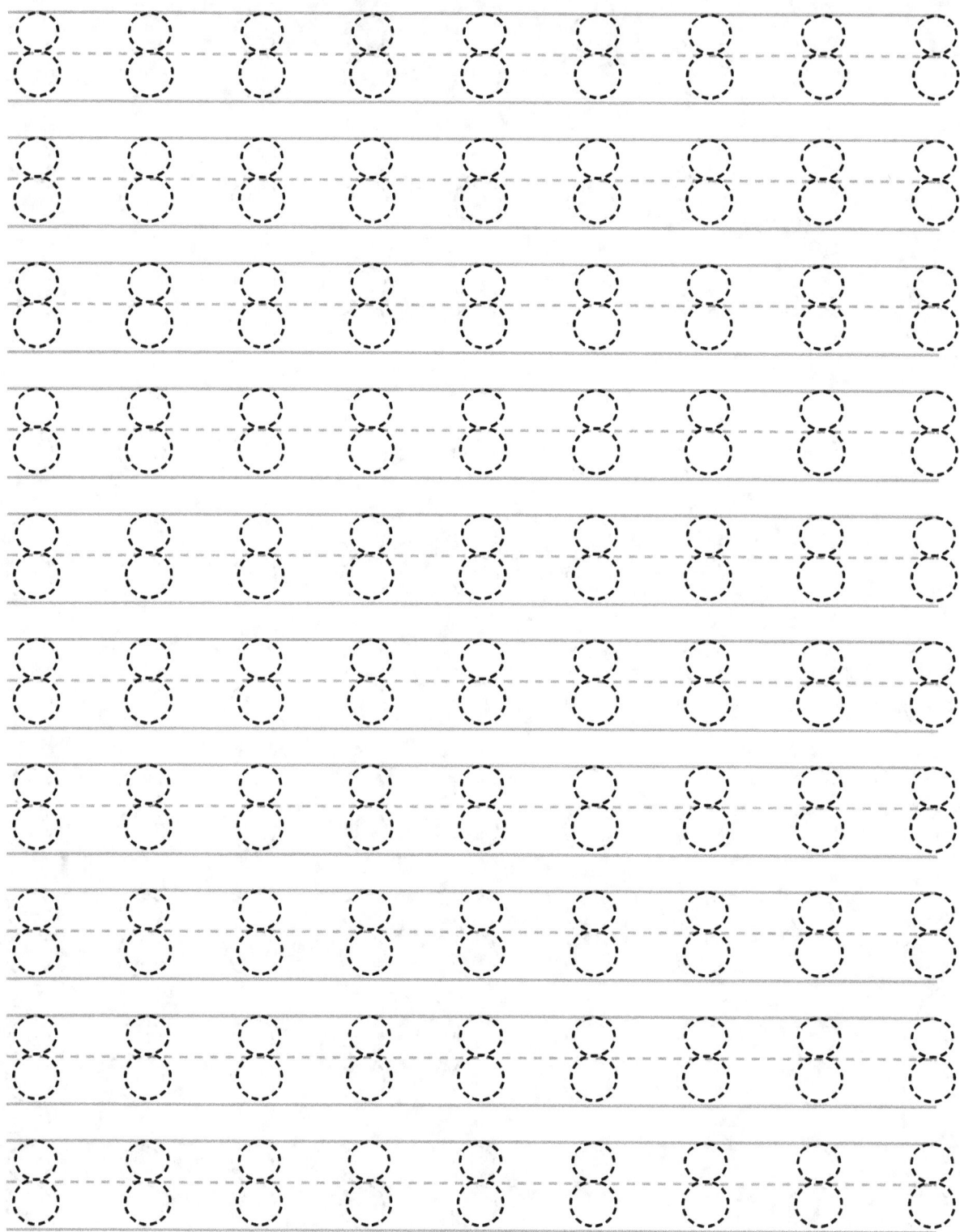

eight

eight eight eight eight

eight eight eight eight

eight eight eight eight

eight eight eight eight

eight eight eight eight

eight eight eight eight

eight eight eight eight

eight eight eight eight

eight eight eight eight

eight eight eight eight

eight

eight eight eight eight

eight eight eight eight

eight eight eight eight

eight eight eight eight

eight eight eight eight

eight eight eight eight

eight eight eight eight

eight eight eight eight

eight eight eight eight

eight eight eight eight

The Number 9

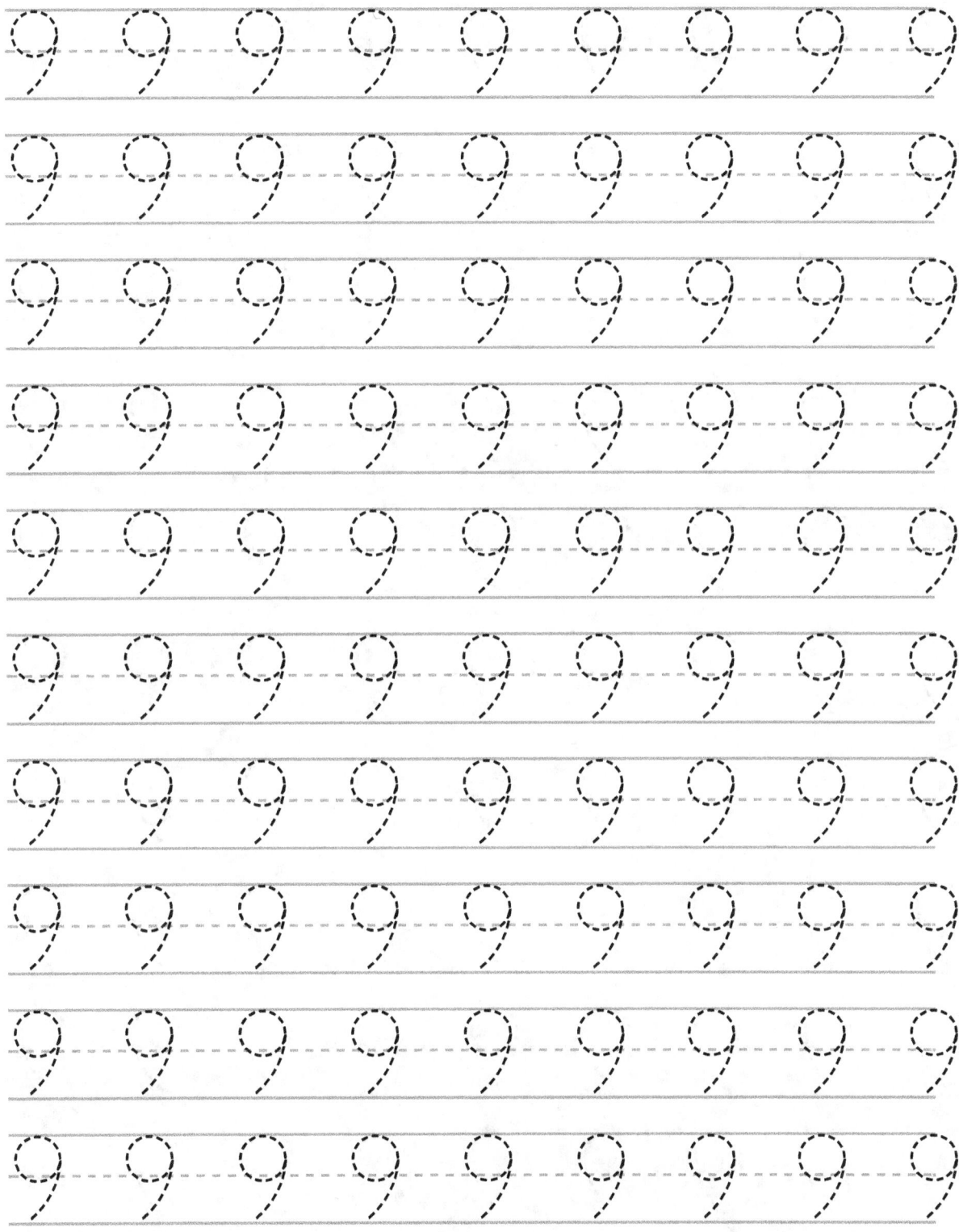

The Number 9

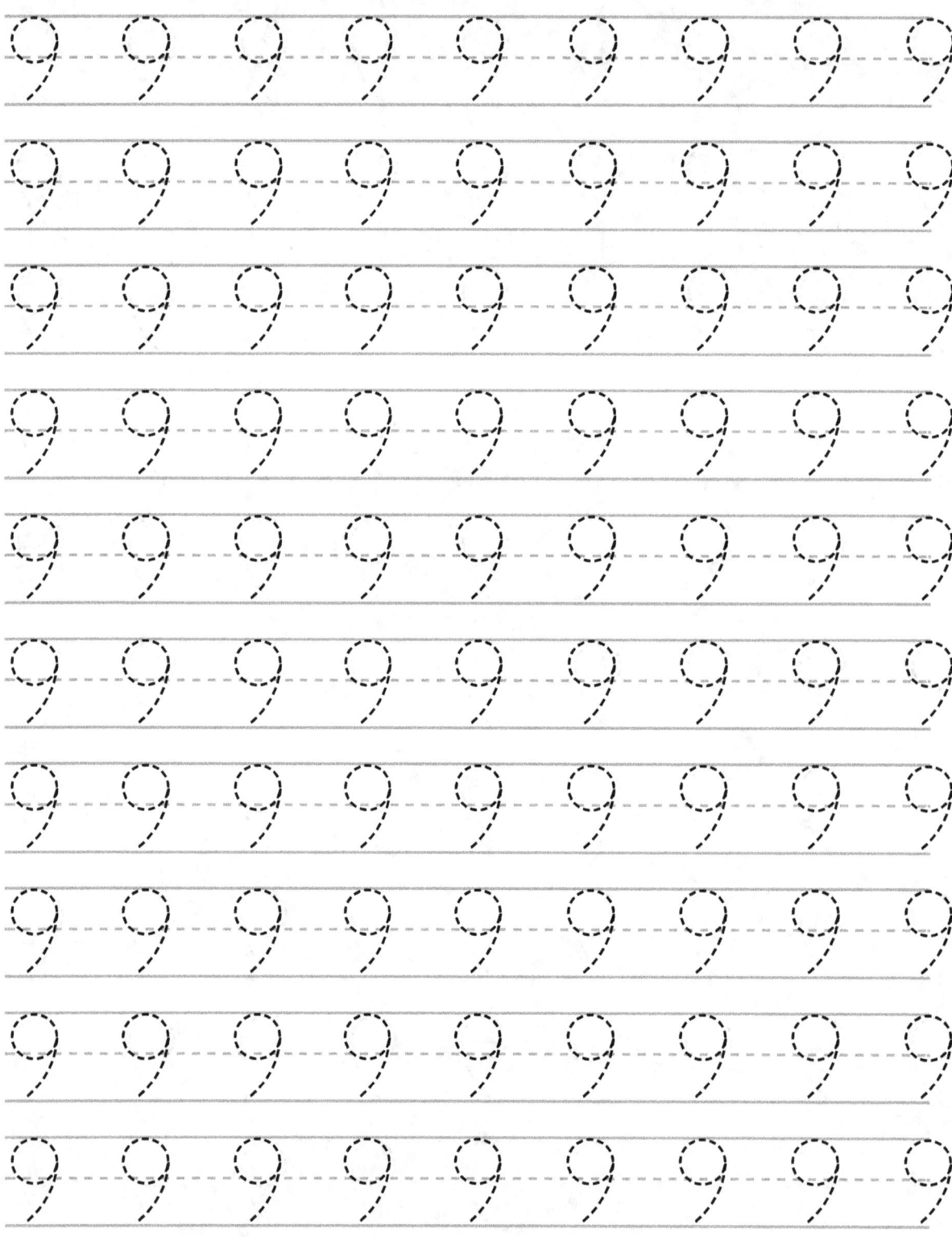

nine

nine nine nine nine nine

nine nine nine nine nine

nine nine nine nine nine

nine nine nine nine nine

nine nine nine nine nine

nine nine nine nine nine

nine nine nine nine nine

nine nine nine nine nine

nine nine nine nine nine

nine nine nine nine nine

nine

nine nine nine nine nine

nine nine nine nine nine

nine nine nine nine nine

nine nine nine nine nine

nine nine nine nine nine

nine nine nine nine nine

nine nine nine nine nine

nine nine nine nine nine

nine nine nine nine nine

nine nine nine nine nine

The Number 10

10 10 10 10 10 10 10

10 10 10 10 10 10 10

10 10 10 10 10 10 10

10 10 10 10 10 10 10

10 10 10 10 10 10 10

10 10 10 10 10 10 10

10 10 10 10 10 10 10

10 10 10 10 10 10 10

10 10 10 10 10 10 10

10 10 10 10 10 10 10

The Number 10

10 10 10 10 10 10 10

10 10 10 10 10 10 10

10 10 10 10 10 10 10

10 10 10 10 10 10 10

10 10 10 10 10 10 10

10 10 10 10 10 10 10

10 10 10 10 10 10 10

10 10 10 10 10 10 10

10 10 10 10 10 10 10

10 10 10 10 10 10 10

ten

ten ten ten ten ten ten

ten ten ten ten ten ten

ten ten ten ten ten ten

ten ten ten ten ten ten

ten ten ten ten ten ten

ten ten ten ten ten ten

ten ten ten ten ten ten

ten ten ten ten ten ten

ten ten ten ten ten ten

ten ten ten ten ten ten

ten

ten ten ten ten ten ten

ten ten ten ten ten ten

ten ten ten ten ten ten

ten ten ten ten ten ten

ten ten ten ten ten ten

ten ten ten ten ten ten

ten ten ten ten ten ten

ten ten ten ten ten ten

ten ten ten ten ten ten

ten ten ten ten ten ten

The Number 11

The Number 11

11 11 11 11 11 11 11 11

11 11 11 11 11 11 11 11

11 11 11 11 11 11 11 11

11 11 11 11 11 11 11 11

11 11 11 11 11 11 11 11

11 11 11 11 11 11 11 11

11 11 11 11 11 11 11 11

11 11 11 11 11 11 11 11

11 11 11 11 11 11 11 11

11 11 11 11 11 11 11 11

eleven

eleven eleven eleven

eleven eleven eleven

eleven eleven eleven

eleven eleven eleven

eleven eleven eleven

eleven eleven eleven

eleven eleven eleven

eleven eleven eleven

eleven eleven eleven

eleven eleven eleven

eleven

eleven eleven eleven

eleven eleven eleven

eleven eleven eleven

eleven eleven eleven

eleven eleven eleven

eleven eleven eleven

eleven eleven eleven

eleven eleven eleven

eleven eleven eleven

eleven eleven eleven

The Number 12

12 12 12 12 12 12 12

12 12 12 12 12 12 12

12 12 12 12 12 12 12

12 12 12 12 12 12 12

12 12 12 12 12 12 12

12 12 12 12 12 12 12

12 12 12 12 12 12 12

12 12 12 12 12 12 12

12 12 12 12 12 12 12

12 12 12 12 12 12 12

The Number 12

12 12 12 12 12 12 12

12 12 12 12 12 12 12

12 12 12 12 12 12 12

12 12 12 12 12 12 12

12 12 12 12 12 12 12

12 12 12 12 12 12 12

12 12 12 12 12 12 12

12 12 12 12 12 12 12

12 12 12 12 12 12 12

12 12 12 12 12 12 12

twelve

twelve twelve twelve

twelve twelve twelve

twelve twelve twelve

twelve twelve twelve

twelve twelve twelve

twelve twelve twelve

twelve twelve twelve

twelve twelve twelve

twelve twelve twelve

twelve twelve twelve

twelve

twelve twelve twelve

twelve twelve twelve

twelve twelve twelve

twelve twelve twelve

twelve twelve twelve

twelve twelve twelve

twelve twelve twelve

twelve twelve twelve

twelve twelve twelve

twelve twelve twelve

The Number 13

13 13 13 13 13 13 13

13 13 13 13 13 13 13

13 13 13 13 13 13 13

13 13 13 13 13 13 13

13 13 13 13 13 13 13

13 13 13 13 13 13 13

13 13 13 13 13 13 13

13 13 13 13 13 13 13

13 13 13 13 13 13 13

13 13 13 13 13 13 13

The Number 13

13 13 13 13 13 13 13

13 13 13 13 13 13 13

13 13 13 13 13 13 13

13 13 13 13 13 13 13

13 13 13 13 13 13 13

13 13 13 13 13 13 13

13 13 13 13 13 13 13

13 13 13 13 13 13 13

13 13 13 13 13 13 13

13 13 13 13 13 13 13

thirteen

thirteen thirteen

thirteen thirteen

thirteen thirteen

thirteen thirteen

thirteen thirteen

thirteen thirteen

thirteen thirteen

thirteen thirteen

thirteen thirteen

thirteen thirteen

thirteen

thirteen thirteen

thirteen thirteen

thirteen thirteen

thirteen thirteen

thirteen thirteen

thirteen thirteen

thirteen thirteen

thirteen thirteen

thirteen thirteen

thirteen thirteen

The Number 14

14 14 14 14 14 14 14

14 14 14 14 14 14 14

14 14 14 14 14 14 14

14 14 14 14 14 14 14

14 14 14 14 14 14 14

14 14 14 14 14 14 14

14 14 14 14 14 14 14

14 14 14 14 14 14 14

14 14 14 14 14 14 14

14 14 14 14 14 14 14

The Number 14

14 14 14 14 14 14 14

14 14 14 14 14 14 14

14 14 14 14 14 14 14

14 14 14 14 14 14 14

14 14 14 14 14 14 14

14 14 14 14 14 14 14

14 14 14 14 14 14 14

14 14 14 14 14 14 14

14 14 14 14 14 14 14

14 14 14 14 14 14 14

fourteen

fourteen fourteen

fourteen fourteen

fourteen fourteen

fourteen fourteen

fourteen fourteen

fourteen fourteen

fourteen fourteen

fourteen fourteen

fourteen fourteen

fourteen fourteen

fourteen

fourteen fourteen

fourteen fourteen

fourteen fourteen

fourteen fourteen

fourteen fourteen

fourteen fourteen

fourteen fourteen

fourteen fourteen

fourteen fourteen

fourteen fourteen

The Number 15

15 15 15 15 15 15 15
15 15 15 15 15 15 15
15 15 15 15 15 15 15
15 15 15 15 15 15 15
15 15 15 15 15 15 15
15 15 15 15 15 15 15
15 15 15 15 15 15 15
15 15 15 15 15 15 15
15 15 15 15 15 15 15
15 15 15 15 15 15 15

The Number 15

15 15 15 15 15 15 15

15 15 15 15 15 15 15

15 15 15 15 15 15 15

15 15 15 15 15 15 15

15 15 15 15 15 15 15

15 15 15 15 15 15 15

15 15 15 15 15 15 15

15 15 15 15 15 15 15

15 15 15 15 15 15 15

15 15 15 15 15 15 15

fifteen

fifteen fifteen fifteen

fifteen fifteen fifteen

fifteen fifteen fifteen

fifteen fifteen fifteen

fifteen fifteen fifteen

fifteen fifteen fifteen

fifteen fifteen fifteen

fifteen fifteen fifteen

fifteen fifteen fifteen

fifteen fifteen fifteen

fifteen

fifteen fifteen fifteen
fifteen fifteen fifteen
fifteen fifteen fifteen
fifteen fifteen fifteen
fifteen fifteen fifteen
fifteen fifteen fifteen
fifteen fifteen fifteen
fifteen fifteen fifteen
fifteen fifteen fifteen
fifteen fifteen fifteen

The Number 16

16 16 16 16 16 16 16

16 16 16 16 16 16 16

16 16 16 16 16 16 16

16 16 16 16 16 16 16

16 16 16 16 16 16 16

16 16 16 16 16 16 16

16 16 16 16 16 16 16

16 16 16 16 16 16 16

16 16 16 16 16 16 16

16 16 16 16 16 16 16

The Number 16

16 16 16 16 16 16 16

16 16 16 16 16 16 16

16 16 16 16 16 16 16

16 16 16 16 16 16 16

16 16 16 16 16 16 16

16 16 16 16 16 16 16

16 16 16 16 16 16 16

16 16 16 16 16 16 16

16 16 16 16 16 16 16

16 16 16 16 16 16 16

sixteen

sixteen sixteen sixteen

sixteen sixteen sixteen

sixteen sixteen sixteen

sixteen sixteen sixteen

sixteen sixteen sixteen

sixteen sixteen sixteen

sixteen sixteen sixteen

sixteen sixteen sixteen

sixteen sixteen sixteen

sixteen sixteen sixteen

sixteen

sixteen sixteen sixteen

sixteen sixteen sixteen

sixteen sixteen sixteen

sixteen sixteen sixteen

sixteen sixteen sixteen

sixteen sixteen sixteen

sixteen sixteen sixteen

sixteen sixteen sixteen

sixteen sixteen sixteen

sixteen sixteen sixteen

The Number 17

17 17 17 17 17 17 17

17 17 17 17 17 17 17

17 17 17 17 17 17 17

17 17 17 17 17 17 17

17 17 17 17 17 17 17

17 17 17 17 17 17 17

17 17 17 17 17 17 17

17 17 17 17 17 17 17

17 17 17 17 17 17 17

17 17 17 17 17 17 17

The Number 17

17 17 17 17 17 17 17

17 17 17 17 17 17 17

17 17 17 17 17 17 17

17 17 17 17 17 17 17

17 17 17 17 17 17 17

17 17 17 17 17 17 17

17 17 17 17 17 17 17

17 17 17 17 17 17 17

17 17 17 17 17 17 17

17 17 17 17 17 17 17

seventeen

seventee seventeen

seventee seventeen

seventee seventeen

seventee seventeen

seventee seventeen

seventee seventeen

seventee seventeen

seventee seventeen

seventee seventeen

seventee seventeen

seventeen

seventee seventeen

seventee seventeen

seventee seventeen

seventee seventeen

seventee seventeen

seventee seventeen

seventee seventeen

seventee seventeen

seventee seventeen

seventee seventeen

The Number 18

18 18 18 18 18 18 18

18 18 18 18 18 18 18

18 18 18 18 18 18 18

18 18 18 18 18 18 18

18 18 18 18 18 18 18

18 18 18 18 18 18 18

18 18 18 18 18 18 18

18 18 18 18 18 18 18

18 18 18 18 18 18 18

18 18 18 18 18 18 18

The Number 18

18 18 18 18 18 18 18

18 18 18 18 18 18 18

18 18 18 18 18 18 18

18 18 18 18 18 18 18

18 18 18 18 18 18 18

18 18 18 18 18 18 18

18 18 18 18 18 18 18

18 18 18 18 18 18 18

18 18 18 18 18 18 18

18 18 18 18 18 18 18

eighteen

eighteen   eighteen

eighteen   eighteen

eighteen   eighteen

eighteen   eighteen

eighteen   eighteen

eighteen   eighteen

eighteen   eighteen

eighteen   eighteen

eighteen   eighteen

eighteen   eighteen

eighteen

eighteen   eighteen

eighteen   eighteen

eighteen   eighteen

eighteen   eighteen

eighteen   eighteen

eighteen   eighteen

eighteen   eighteen

eighteen   eighteen

eighteen   eighteen

eighteen   eighteen

The Number 19

19 19 19 19 19 19 19
19 19 19 19 19 19 19
19 19 19 19 19 19 19
19 19 19 19 19 19 19
19 19 19 19 19 19 19
19 19 19 19 19 19 19
19 19 19 19 19 19 19
19 19 19 19 19 19 19
19 19 19 19 19 19 19
19 19 19 19 19 19 19

The Number 19

19 19 19 19 19 19 19

19 19 19 19 19 19 19

19 19 19 19 19 19 19

19 19 19 19 19 19 19

19 19 19 19 19 19 19

19 19 19 19 19 19 19

19 19 19 19 19 19 19

19 19 19 19 19 19 19

19 19 19 19 19 19 19

19 19 19 19 19 19 19

nineteen

nineteen   nineteen

nineteen   nineteen

nineteen   nineteen

nineteen   nineteen

nineteen   nineteen

nineteen   nineteen

nineteen   nineteen

nineteen   nineteen

nineteen   nineteen

nineteen   nineteen

nineteen

nineteen   nineteen

nineteen   nineteen

nineteen   nineteen

nineteen   nineteen

nineteen   nineteen

nineteen   nineteen

nineteen   nineteen

nineteen   nineteen

nineteen   nineteen

nineteen   nineteen

The Number 20

20 20 20 20 20

20 20 20 20 20

20 20 20 20 20

20 20 20 20 20

20 20 20 20 20

20 20 20 20 20

20 20 20 20 20

20 20 20 20 20

20 20 20 20 20

20 20 20 20 20

The Number 20

20 20 20 20 20

20 20 20 20 20

20 20 20 20 20

20 20 20 20 20

20 20 20 20 20

20 20 20 20 20

20 20 20 20 20

20 20 20 20 20

20 20 20 20 20

20 20 20 20 20

twenty

twenty twenty twenty

twenty twenty twenty

twenty twenty twenty

twenty twenty twenty

twenty twenty twenty

twenty twenty twenty

twenty twenty twenty

twenty twenty twenty

twenty twenty twenty

twenty twenty twenty

twenty

twenty twenty twenty

twenty twenty twenty

twenty twenty twenty

twenty twenty twenty

twenty twenty twenty

twenty twenty twenty

twenty twenty twenty

twenty twenty twenty

twenty twenty twenty

twenty twenty twenty